·长度1·

山羊裁缝铺

〔韩〕李圭喜/著 〔韩〕李德真/绘 江凡/译

云南出版集团 晨光出版社

山羊
剪一块儿像我尾巴这么长的布应该就够了吧?
不对，像我翅膀这么长就够了。

森林深处有一个小村子，最近新开了一家“山羊裁缝铺”。

开店的是山羊奶奶，她现在正在裁剪布料，准备做一个漂亮的蝴蝶结。

可是，她不知道应该剪多长的布。

这么剪好像有点儿太长了，那么剪又好像有点儿太短了。

缝铺

到底应该剪多长呢？
有没有能够知道准确
尺寸的好办法呢？

春节快到了。

妈妈们都来山羊裁缝铺给孩子们做新衣服。

第一个来到店里的是勤快的狐狸妈妈。

“山羊奶奶你好，我想给我帅气的儿子做一身蓝色的衣服。”狐狸妈妈一边说，一边挑选出了一块蓝色的布料。

“上身做件短袄吧，袖子就按 1 个胳膊的长度来做；裤子的话，按 2 个胳膊的长度来做。”

“袖子是 1 臂长，裤子是 2 臂长。”山羊奶奶怕忘了，认真地把要求记在了本子上。

“山羊奶奶，我要给我的女儿做一件短袄和一条裙子！”兔妈妈是个急性子，一进门就喊了起来。

“哎呀，您别急，先选布料吧。”山羊奶奶笑着说道。

兔妈妈很快就选好了，“就这两块布吧，彩色的做短袄，红色的做裙子。”

“多大尺寸呢？”山羊奶奶问。

“短袄的袖子 3 拃长，裙摆 4 拃长。”兔妈妈自己用手比划着。

“3 拃，4 拃！”山羊奶奶点点头。

兔妈妈刚走不久，长颈鹿妈妈来了。

长颈鹿妈妈是个慢性子。她选了又选，终于做了决定，“嗯……给小长颈鹿做一件长棉衣吧，袖子用这块紫色的，其他的部分就用那块豆绿色的布料吧。”

要做多大尺寸的呢？长颈鹿妈妈掏出随身带的铅笔，比划了半天，“衣长请按 20 支铅笔的长度来做，胸围是 7 支铅笔，袖长是 9 支铅笔。”

“铅笔 20 支，7 支，9 支，没问题！”山羊奶奶说道。

福
福
福
福

最后一个来的是大象妈妈。

“山羊奶奶，黄色短外套配红色裙子，小象穿会好看吗？”大象妈妈问山羊奶奶。

“好看，而且做裙子的那块布料还有花纹，更漂亮。”山羊奶奶说。

大象妈妈脸上露出了满意的笑容，“那裙长按 4 步的长度，外套的胸围按 2 步的长度吧。”

“4 步长，2 步长！”山羊奶奶记下了尺寸。

接了这么多订单，山羊奶奶开始认真地做起了新衣服。

她按照本子上记录的数字咔嚓咔嚓地剪着布料，然后一针一线、仔仔细细地缝制起来。

这几天，小狐狸、小兔子、小长颈鹿和小象只要聚在一起，就会聊起他们的新衣服。

“我要穿着大红裙子去拜年。”小兔子说着做起了拜年的样子。

“妈妈说我的裙子上还有花纹呢，真想快点儿穿上它。”小象满心期待着。

“我最喜欢蓝色了，我的新衣服一定也很漂亮！”

“我妈妈说要给我做一件暖和的棉衣。”

小狐狸和小长颈鹿也激动地想象着自己穿上新衣服的样子。

等啊等啊，终于盼到了新衣服做好的这一天。

几个小朋友一放学就迫不及待地跑回了家。

“妈妈，我要赶紧试试我的新衣服！”

可是，不一会儿，每个家里都乱了套。

“呜呜，我的裙子太短啦！”

小象的裙子太短了，屁股都露在了外面。

“我的袖子也太、太、太长了吧！”

小狐狸的袖子长得都能拖到地上了。

其他的小朋友也一样。

小兔子的裙子太大了，小长颈鹿的棉衣太小了。

兔妈妈很生气，马上怒气冲冲地跑到了山羊裁缝铺。

“山羊奶奶，这件衣服您到底是怎么做的啊？太大了！我家孩子根本就穿不了。”

“咦，怎么会这样呢？我明明是认真按照要求做的啊！”山羊奶奶一头雾水。

不一会儿，大象妈妈、长颈鹿妈妈和狐狸妈妈也跑来理论了。

“你们看看这个！我的确是按照你们说的尺寸做出来的呀。”

山羊奶奶连忙把写着尺寸的本子给大家看。

“山羊奶奶，您看看，这哪是4拃啊？”

“就是，这有4步长吗？”

“天哪，这是2臂长吗？”

“哎呀呀，这是20支铅笔的长度吗？”

大家都不相信山羊奶奶的话。

“我真的是按照尺寸做的！”山羊奶奶觉得非常委屈。

就在这个时候，小象带着3个小伙伴，朝裁缝铺走来。

几个小朋友都很好奇到底是怎么回事，于是一起到裁缝铺来一探究竟，正巧碰到了前来理论的大人们。

山羊裁缝铺

了解了事情的来龙去脉后，小象说：“大家看，山羊奶奶的1步和我妈妈的1步不一样！”

“没错，我妈妈的2臂长和山羊奶奶的2臂长也不一样！”小狐狸说。

小兔子说：“快看，我妈妈的1拃比山羊奶奶的1拃短！”

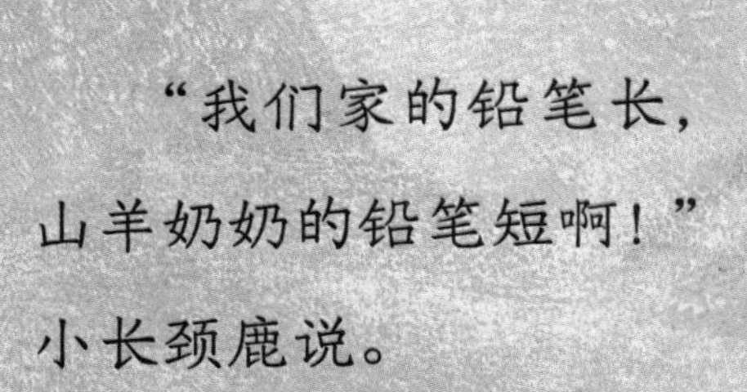

“我们家的铅笔长，山羊奶奶的铅笔短啊！”小长颈鹿说。

“那怎么办才好呢？”

这时，聪明的小狐狸从外面捡了一根树枝回来，说：“大家都用这根树枝表示长度怎么样？”

“哈哈，果然还是我的儿子最聪明！”

狐狸妈妈赶紧用树枝量起了尺寸，“短袄袖子这么长，裤子这么长！”

长颈鹿妈妈、狐狸妈妈和兔妈妈也先后在树枝上划起了线。

1 条线，2 条线……树枝上被划满了线。

等大家都划完，新的问题又出现了，很难区分出树枝上的这些线分别是谁划的。

这时，山羊奶奶想到一个好主意，“啊哈，我有办法了！”

她跑到裁缝店的仓库里，拿来了一根长长的、笔直笔直的木棍，又拿来了一根针。

她用针在木棍上比着：“1 格、2 格、3 格、4 格……”

每一格都是一根针的长度。

“我用这个给大家重新量尺寸，再做一次新衣服。”

“山羊奶奶，我先来，先给我量！”小象第一个冲了过来。

小狐狸、小长颈鹿和小兔子也都蹦蹦跳跳地跟在后面，排起了队。

“1 格、2 格、3 格……”

山羊奶奶一鼓作气，量完一个又一个。

终于，新年到了。

“妈妈你看，现在我的屁股不会再露出来了！”小象扭着屁股，跟妈妈撒起娇来。小长颈鹿、小兔子和小狐狸也都非常满意自己的新衣服。

大家都高高兴兴地憧憬着新的一年，希望会有许多好事情发生。

让我们跟小狐狸一起回顾一下前面的故事吧！

现在，小朋友们都穿上了合身的新衣服，是不是很漂亮呢？不过，一开始用“拃”和“步”作单位来量尺寸做衣服时，由于每个人的标准不一样，做出来的衣服也不合身。后来，山羊奶奶以针的长度为刻度做了一把尺子，用这把尺子准确地量出了大家的尺寸，终于做出了合身的衣服。测量长度的时候，我们把类似“拃”或“步”这样的测量标准叫作单位长度。只有单位长度一样，才能准确地量出尺寸。

下面让我们来详细地了解一下长度吧。

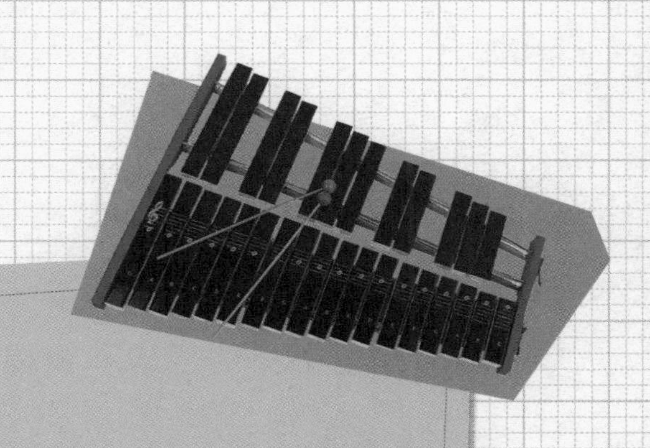

数学面对面

数学概念

认识长度

下图书桌的横边和竖边哪一个更长呢？将两支铅笔并排放在一起，就可以比较长短，但是书桌的横边和竖边可没法并排在一起，这时候我们应该怎么办呢？

也可以用绳子代替棍子来进行测量哦。
原来桌子横边的长度更长啊！
竖边
横边

我们可以用木棍来比较书桌的横边和竖边。用同一根木棍紧贴桌边，在棍子上分别标出横边和竖边的位置，就能一目了然地比较出哪一边更长了。

除了棍子和绳子，我们还能用身体的许多部位来测量物体。“两臂”、“拃”、“步”和“大拇指宽度”等都可以作为测量基准。

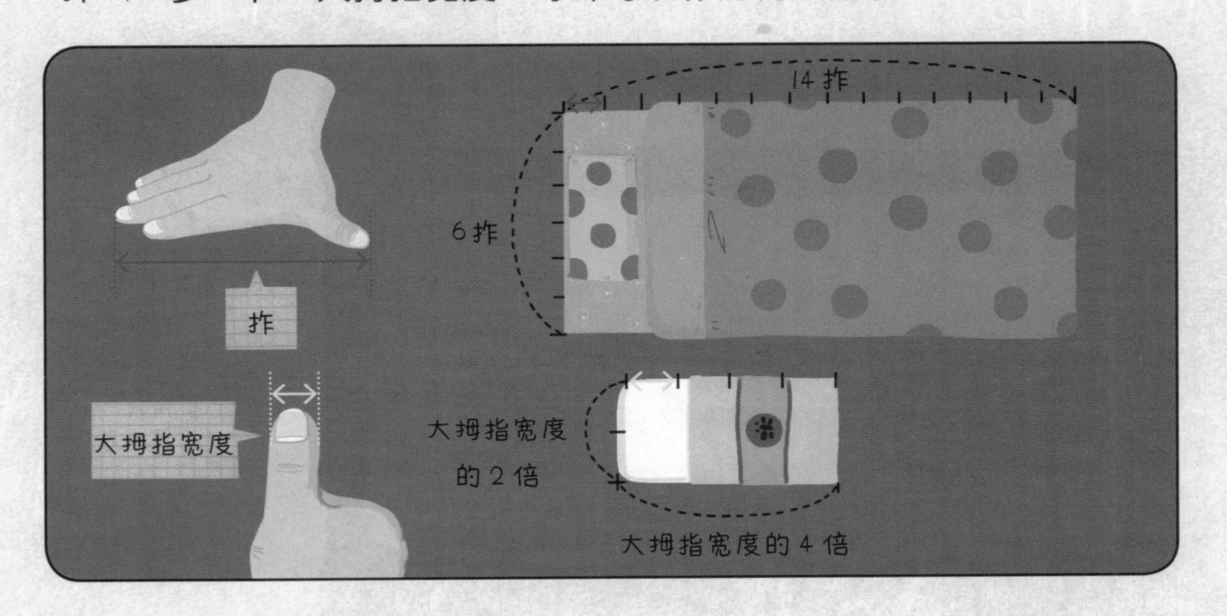

像“拃”或“大拇指宽度”这样测量长度的基准，我们叫作单位长度。

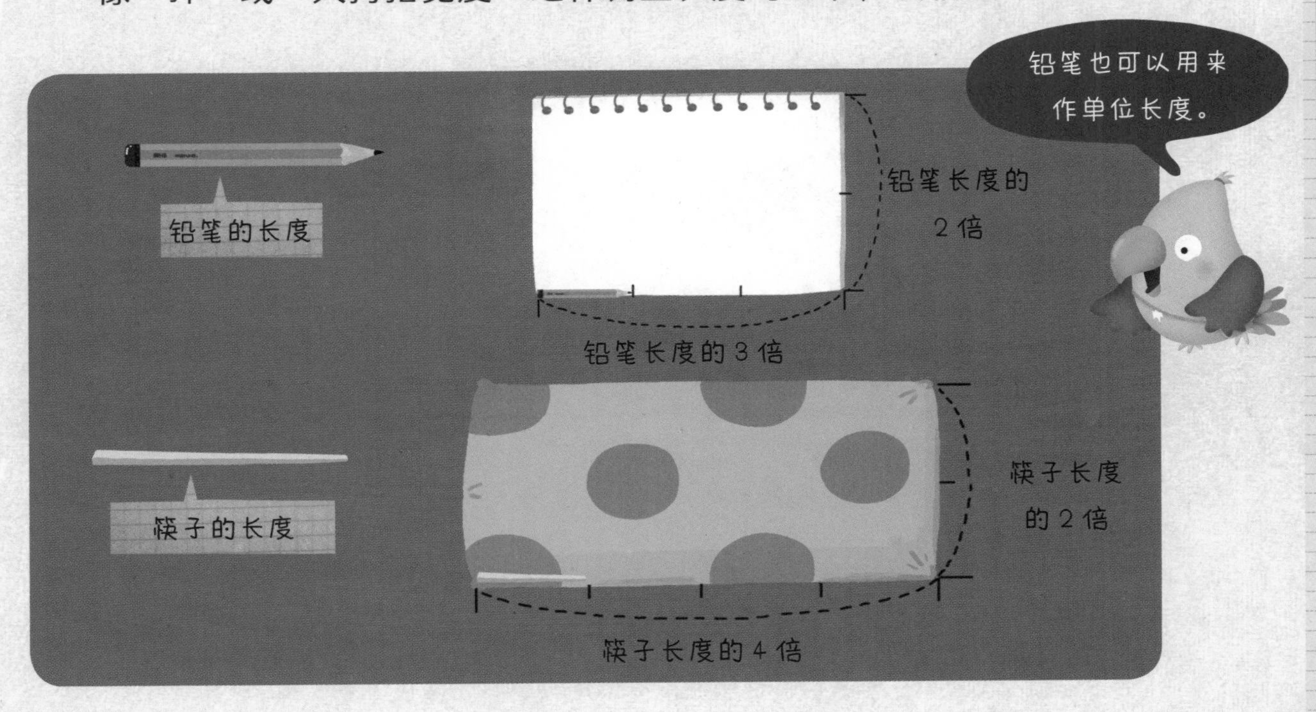

小朋友们每个人都带了一种配料，准备一起做紫菜包饭。大家约定用“1 拃”来确定配料的长度。

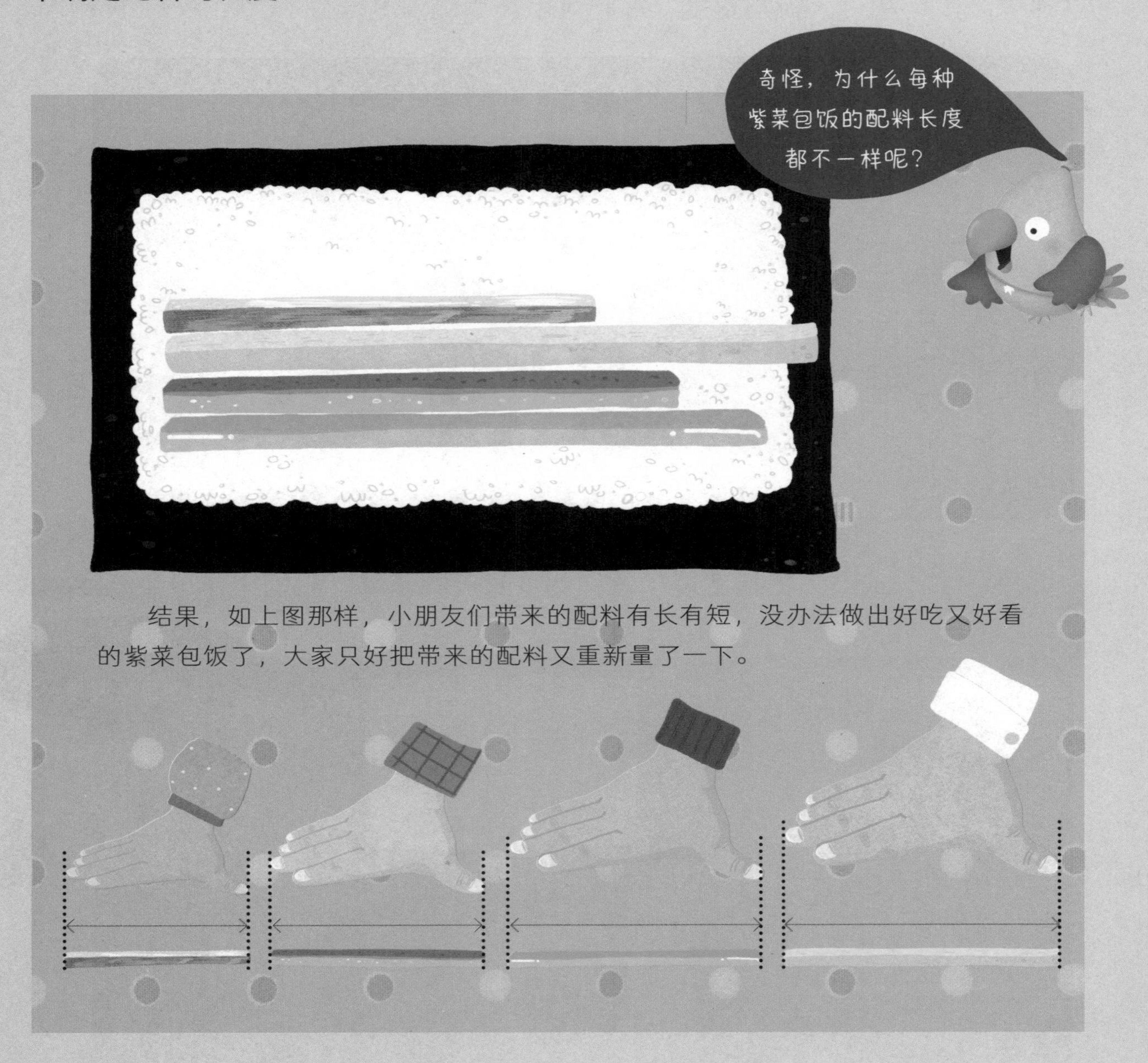
奇怪，为什么每种
紫菜包饭的配料长度
都不一样呢？

结果，如上图那样，小朋友们带来的配料有长有短，没办法做出好吃又好看的紫菜包饭了，大家只好把带来的配料又重新量了一下。

因为每个人“1 拃”的长度都不一样，所以带来的配料长度也不一样。因此，我们可以看出，如果单位长度不同，那么每个人测量出的长度也不一样。所以，作为测量单位基准的单位长度必须统一才行。

为了能够准确地测量出长度，我们会用到尺子。尺子有许多种，比如直尺、三角尺、卷尺等。

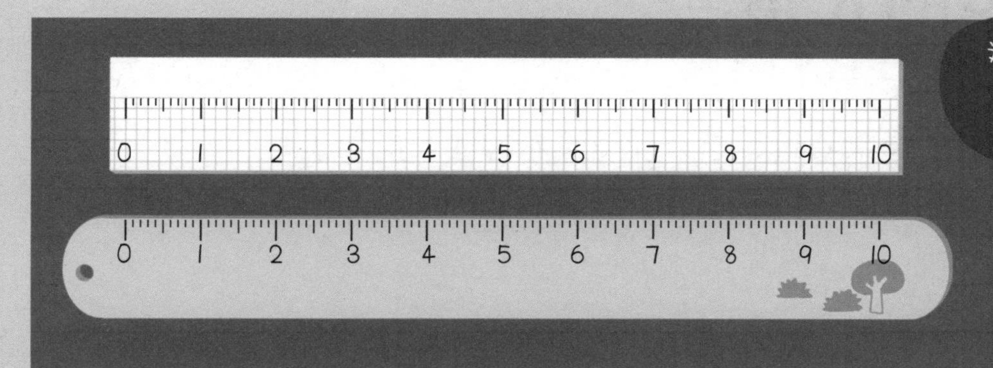

这两把尺子的外观虽然不同，但是每把尺子上刻度间的间隔都是一样的。

这两把尺子上大刻度之间的长度是一样的，都是 1 厘米。

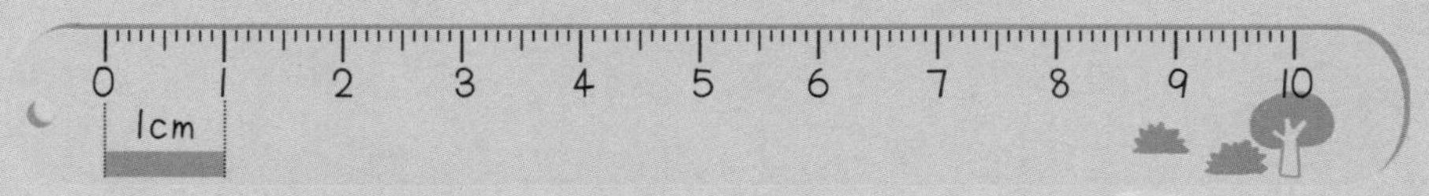

用尺子测量长度的时候，将物体的一边对准“0”刻度，然后读出物体另一边所到达位置的刻度就可以了。

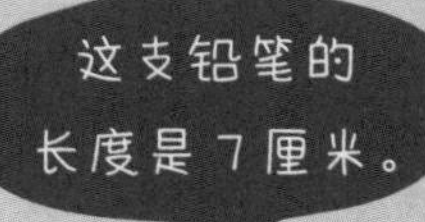

这支铅笔的长度是 7 厘米。

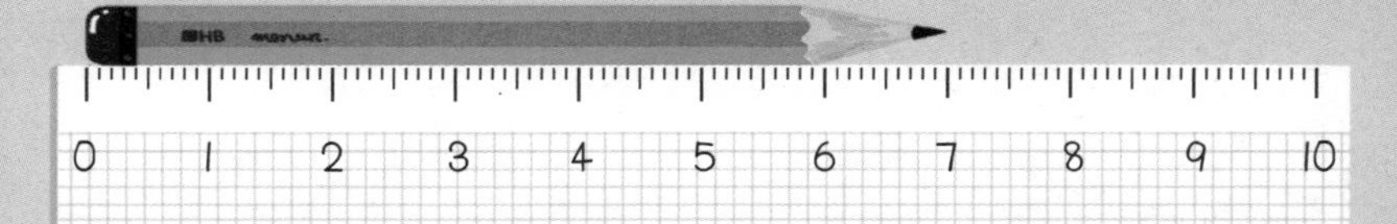

铅笔盒的长度是多少？

如果手边没有尺子那该怎么办呢？其实，正所谓熟能生巧，当我们具备一定的生活经验后，也可以不用尺子来量长度，有时只需要大致估测一下就能知道。可是由于估测出的长度和实际长度会有出入，因此，我们通常会在估测出的数值前面加上“大约”两个字。

铅笔盒的长度大约是 20 厘米。

生活中的长度

前面我们了解了利用不同的单位长度来测量物体长度的办法，还学习了尺子的使用方法。现在我们一起来看看生活中都隐藏着哪些长度知识吧。

正确量身高

如果以前手够不着的地方，现在能够着了，我们就知道自己长个子了。用身高尺来测量身高，可以准确知道自己长高了多少。不过，为了测量的准确性更高，量身高的时候要收紧下巴，两眼平视前方，两臂自然下垂贴紧身体，脚跟并拢，背、臀部和脚跟紧靠身高尺的立柱。这样测量脚跟到头顶的距离，就能准确地知道身高了。

植物的生长

如果阳光、水和空气的条件充足，植物也会像我们一样噌噌地往上长，然后开花、结果。由于植物每天只生长一点点，因此我们用肉眼很难看出来。但是，我们可以通过测量叶子或枝干的长度，来确定植物是否生长了。测量叶子的时候，我们可以用尺子测量其长度或宽度；测量枝干的时候，用卷尺从地面开始测量就可以了。

音乐

木琴和排笙

木琴是用小锤在长度不同的木板上敲打而发出声音的乐器。越长的木板声音越低，反之，越短的木板声音越高。用嘴巴吹气就能发出声音的排笙，也隐藏着长度的原理。排笙的样子像是把许多长度不同的笛子放在一起，排笙也是越长的笙管声音越低，越短的笙管声音越高。

▲排笙

▼木琴

故事

裤子变短了

从前，有个村子里的老学究做了一条新裤子，穿上一看，长了1拃。于是，这位老学究就让他的女儿们把裤子改短1拃。结果第二天穿上一看，裤子短了一大截。后来才知道，大女儿把裤子改短了1拃，二女儿和三女儿不知道，也各自把这条裤子改短了1拃。老学究对着不知所措的女儿们笑着说：“这是我穿过的最合适的一条裤子！”虽然裤子短了许多，但这里面却饱含了女儿们对父亲的一片孝心啊！

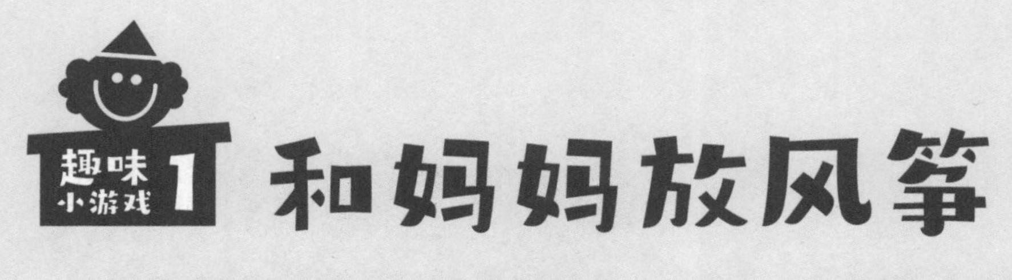

和妈妈放风筝

森林里的小朋友们正在和妈妈一起放风筝。请把右页表示妈妈和小朋友“1 拃”的图片沿着黑色实线剪下来，量一下风筝线的长度，把大概的数字填进□里。

小朋友
妈妈
小朋友 拃
妈妈 拃
妈妈 拃

趣味小游戏2 山羊奶奶的针和线

山羊奶奶用曲别针来测量线的长度，再把线穿进针里面。根据大象妈妈说的话，沿着黑色实线剪下左边的曲别针，将量好的线的长度画出来。

黄色的线是曲别针长度的3倍。
蓝色的线是曲别针长度的4倍，绿色的线是曲别针长度的3倍。

看谁量得对 趣味小游戏3

小动物们正在用尺子测量铅笔的长度。把铅笔的一头和“0”刻度对齐，才能准确地测量出铅笔的长度。请把下面正确量出铅笔长度的小动物圈出来。

轻轻铺开的布

小动物们铺开了各种各样花纹的布料。把最下方的尺子沿着黑色实线剪下来，用尺子量一量布料的长度，然后写在□里。

0 1 2 3 4 5 6 7 8 9 10 11 12

不一样的旗子

趣味小游戏5

为了在运动会上给运动员们加油，阿虎和小兔准备做一面蓝旗和一面红旗。读完阿虎和小兔的对话，回答下面的问题。

· 阿虎和小兔做出来的旗子大小不一样的原因是什么？

____

· 阿虎和小兔怎样才能做出大小一样的旗子呢？

____

· 请先确定一面旗子的长和宽，然后告诉阿虎和小兔。

____

参考答案

42~43 页

44~45 页

画蓝色线的时候，从线头开始，在曲别针 4 倍长度的位置做出标记，然后用蓝色的线画出来就可以了。